TRAITÉ

DE

PHRÉNOLOGIE

26
D
24
D
25
25
25
20
22
21
21
22
23
E
E
3
K
K
7
4
4
7
11
6
H
F
G
H
6
11
I
G
8
I
10
9
10
8
9
9
5
5
10

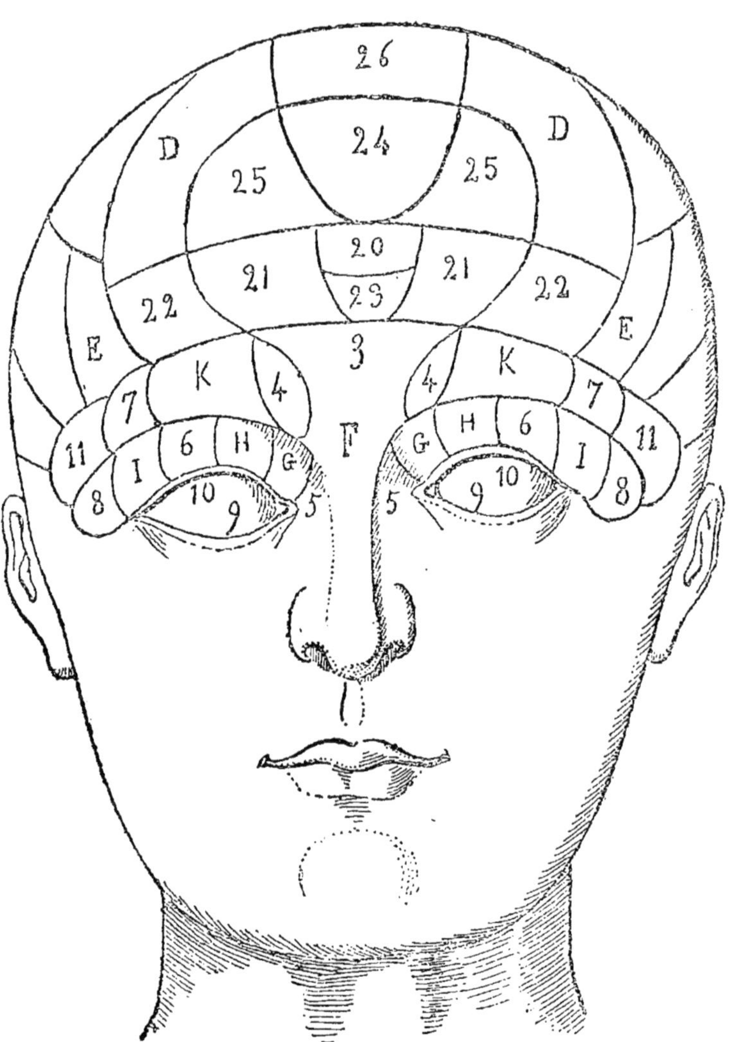

Fig. 1.

TRAITÉ

DE

PHRÉNOLOGIE

OU

ART DE DÉCOUVRIR, A L'AIDE DES PROTUBÉRANCES DU CRANE, LES QUALITÉS
LES DÉFAUTS, LES VICES, LES VERTUS
L'INTELLIGENCE, LES APTITUDES, ETC., DES PERSONNES

d'après les travaux de

GALL, SPURZHEIM, CUBI Y SOLER, FOSSATI, BROUSSAIS,
ET AUTRES AUTEURS PRATICIENS CÉLÈBRES

Ouvrage orné de figures et contenant de nombreuses notes historiques

ET SUIVI
D'ANECDOTES PHYSIONOMIQUES, D'APRÈS LAVATER

PAR

E. SANTINI

(J. DE RIOLS)

Officier d'académie

PARIS

LE BAILLY, LIBRAIRE-ÉDITEUR

6, RUE CARDINALE, — ET 2 *bis*, RUE DE L'ABBAYE

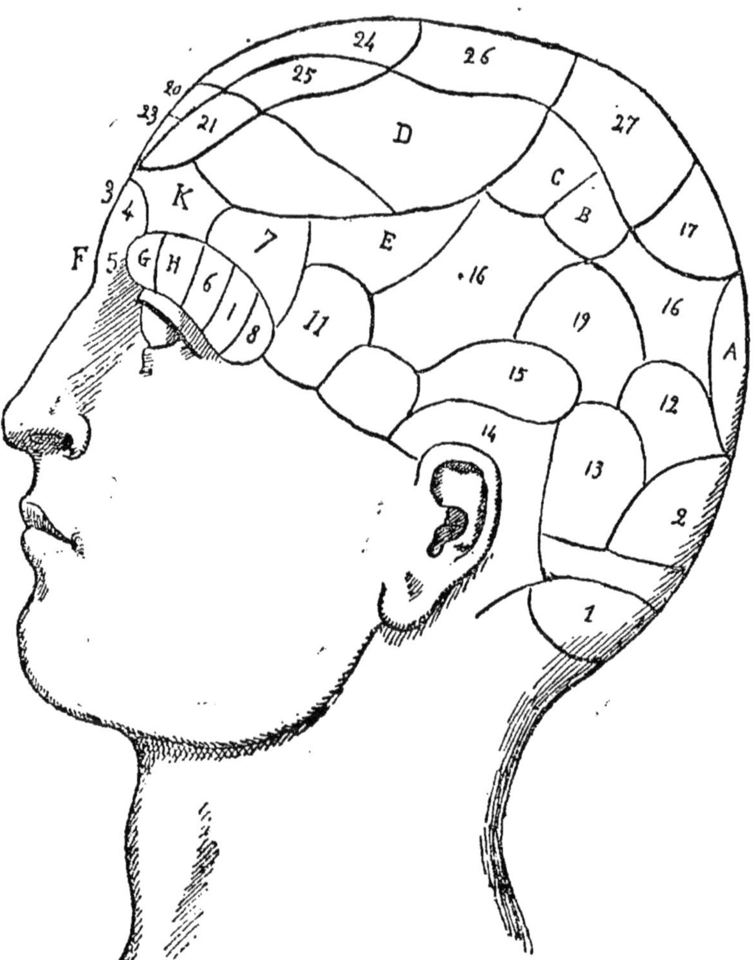

Fig. 2.

TRAITÉ

DE

PHRÉNOLOGIE

I

Qu'est-ce que la Phrénologie?

C'est l'art de connaître, par l'inspection des irrégularités que présente le crâne humain, les diverses tendances, les qualités, les vices, les habitudes, les appétits ou appétences d'un sujet quelconque.

Ce mot est formé de deux mots grecs : φρήν, *esprit*, et λόγος, *discours*. — *Discours sur l'esprit.* — *Étude des facultés de l'âme.*

On le voit, ce terme n'exprime pas plus l'étude des facultés de l'âme par l'examen du crâne que par tout autre moyen ; cependant il a prévalu. Le mot propre, celui qu'avait d'abord adopté le docteur Gall, serait plutôt *crâniologie*, étude du crâne.

Comment peut-on, par l'examen des protubérances et des irrégularités que présente l'enveloppe osseuse du cerveau, diagnostiquer les différents caractères des individus ? Cela paraît tout d'abord impossible, surnaturel, extravagant même. Rien n'est plus simple cependant.

Entrons dans quelques considérations préliminaires, et vous vous convaincrez facilement que cette science n'a rien de plus extraordinaire que les sciences naturelles, physiques ou médicales.

Vous est-il quelquefois arrivé d'entendre quelqu'un dire, en considérant une personne dont les mains et les bras sont complètement immobiles : « *Cette personne est gauchère...?* » Si vous avez entendu et vu cela, vous avez dû en être d'autant plus surpris que, quatre-vingt-dix-neuf fois sur cent, cette affirmation se trouvait confirmée par l'examen.

D'où vient donc une pareille infaillibilité ?

De l'*observation* attentive et soutenue des faits, tout simplement ; de l'étude, de l'*analyse*. Et ce qui vous a si fort étonné est d'une simplicité qui touche à... l'enfantillage. Considérez la tête d'une personne et voyez de quel côté se trouve la *raie* de ses cheveux. Si la raie est *à gauche*, la personne se sert de la *main droite* pour se coiffer, parce que le plus grand mouvement que la main a à faire dans ce cas se porte de *gauche à droite*, et que ce mouvement se fait bien plus aisément avec la main droite qu'avec la main gauche.

Si la raie est à *droite*, c'est tout le contraire : la personne se coiffe avec la *main gauche*.

Or, pour toutes les opérations ordinaires de la vie, *de la toilette surtout*, on se sert plus volontiers de la main la plus habile et la plus prompte. Donc, si l'individu est gaucher, il fera sa raie à droite. S'il est droitier, il la fera à gauche. Remarquez, en effet, qu'il y a relativement fort peu de personnes faisant leur raie à droite. Naturellement, si l'individu est *ambidextre*, comme le fameux Artaxercès Longue-main, il sera impossible de diagnostiquer à coup sûr.

Vous voyez qu'une simple observation conduit loin.

Admettez maintenant qu'un homme ait remarqué que tous les individus enclins au vol ont les os temporaux fort développés, au-dessus des oreilles principalement ; que ceux qui ont une grande mémoire ont les yeux saillants ; que ceux qui se font remarquer par leur bonté, leur douceur, leur bienveillance, ont telle ou telle partie de la tête saillante... Il est certain que cet homme, rencontrant ces signes chez un passant, pourra dire avec beaucoup de chance d'être dans le vrai : « *Voilà un individu qui est enclin au vol ; — Voilà un homme qui doit avoir une mémoire prodigieuse...* »

Et ce que LAVATER avait fait simplement pour la *physionomie*, Gall le fit pour l'étude spéciale du cerveau et du *crâne ;* car il ne faut pas confondre les travaux de ces deux savants. Chacun eut sa spécialité. Le premier disait, à l'inspection du visage d'un homme, ce qu'il était ; quels étaient ses vices, ses qualités, ses habitudes, ses vertus ou ses défauts, souvent même sa principale maladie, quoiqu'il ne fût pas médecin. Au contraire, le docteur Gall, après avoir examiné une tête, l'avoir maniée et palpée dans toutes ses parties, exprimait avec une fort grande précision les caractères particuliers de l'intelligence et les aptitudes de l'individu.

Le crâne est exactement rempli par la substance du cerveau (*Fig.* 3, page 8).

La masse de ce dernier est divisée en deux parties égales par un sillon allant d'avant en arrière ; ces deux parties prennent le nom d'*hémisphères cérébraux ;* elles sont réunies à leur base par le *corps calleux*. A leur surface, les hémisphères cérébraux présentent de nombreuses circonvolutions, des ondulations, des éminences arrondies, que l'on nomme *circonvolutions cérébrales*. Le tout est contenu dans une triple enveloppe membraneuse. Ces trois membranes prennent le nom de *pie-mère*, d'*arachnoïde* et de *dure-mère*. Elles ont le nom général de *méninges,* et une maladie affectant ces tissus prend le nom de *méningite*.

La couleur de la substance du cerveau est grisâtre à la surface (*substance corticale*) et blanche à une certaine profondeur (*substance médullaire*). Le tout est mou, flasque, et traversé par un très grand nombre de vaisseaux *artériels* et *veineux*.

C'est de là que part le réseau des nerfs. C'est là pour ainsi dire le siège du gouvernement du corps humain. Qu'une partie du cerveau soit atteinte, lésée, atrophiée, un membre ou toute autre partie du corps est fatalement condamné au repos.

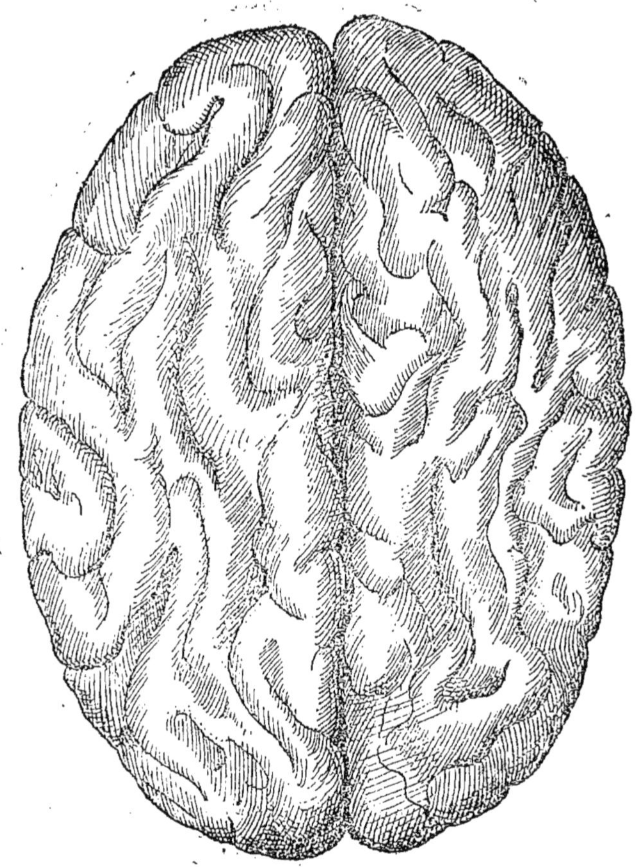

Fig. 3.

Or, à mesure que le cerveau se développe, la boîte osseuse dans aquelle il est contenu suit ce développement avec une fidélité mathématique.

Comme l'accroissement des substances d'un organe se fait simultanément, quelle que soit leur nature sous le rapport de la mollesse ou de la dureté, l'enveloppe osseuse et la matière cérébrale grossissent ensemble;

et l'accroissement, le mouvement, venant de l'intérieur du crâne, il s'ensuit que ce dernier, soumis à une force d'autant plus grande qu'elle est plus lente, et qu'elle a pour auxiliaire le travail qui se fait naturellement dans lui-même, suit rigoureusement les ondulations et la forme que lui communiquent les parties molles placées sous lui.

Et, à ce propos, vous me direz :

Comment une substance aussi peu consistante que le cerveau peut-elle imposer sa forme à une autre substance aussi dure que celle du crâne ?

Il est certain que, si l'opération avait lieu dans une enveloppe osseuse *sans vie*, et surtout si elle avait lieu *brusquement*, brutalement, elle serait matériellement impossible. Elle produirait l'effet de l'eau arrivant en trop grande quantité dans le grand cylindre d'une presse hydraulique, si les parois de ce cylindre sont trop faibles : il éclaterait, tout bonnement.

Mais cette pression se fait lentement, graduellement, sous l'influence des forces vitales qui agissent en même temps dans la masse des os du crâne et les font se développer : l'impulsion du cerveau ne se fait sentir, pour ainsi dire, que pour diriger et réglementer l'accroissement de volume du crâne. Celui-ci, qui grossit de lui-même, est continuellement en état d'équilibre ; et c'est la masse cérébrale qui, en croissant, en dirige d'un côté ou de l'autre les dociles parois.

C'est là un travail naturel, lent, simultané, progressif, et soumis à des lois immuables. Quelques exemples vont encore mieux expliquer ma pensée :

Ne voyons-nous pas tous les jours le colimaçon, dont le corps est d'une mollesse semblable à celle du cerveau, mouler progressivement autour de ses *circonvolutions* la matière solide de sa coquille ?

Et l'œuf, au fur et à mesure de son accroissement dans l'ovaire, ne moule-t-il pas autour de sa substance *liquide* la coquille, molle d'abord et dure ensuite ?

Cette coquille ne suit-elle pas rigoureusement et sans la moindre déchirure toutes les modifications de forme et de volume du colimaçon et de l'œuf?

La peau de l'orange ne se moule-t-elle pas sur le fruit au fur et à mesure de son accroissement? Et l'inextricable réseau de fibres qui compose la deuxième enveloppe de la noix de coco n'en fait-il pas autant? La noix elle-même, fruit du noyer, ne suit-elle pas, dans son enveloppe ligneuse, le développement du fruit délicat et frêle qu'elle contient?

Cette question étant maintenant élucidée, il est facile de comprendre comment le cerveau, siège et point de départ des manifestations de la volonté, des désirs, des passions, etc., acquiert par un travail continuel un développement plus considérable qu'à l'état ordinaire, et fait subir au crâne des modifications correspondantes.

Tout le monde a remarqué que la tête est beaucoup plus forte chez les penseurs, les écrivains, les artistes, les *ouvriers de l'idée*, que chez les personnes astreintes à un travail purement manuel ou auquel l'intelligence n'a que faire. De même, quand une partie du cerveau est atrophiée, il se produit presque toujours une cessation d'accroissement, *et même une dépression*, dans les parties du crâne correspondantes. C'est ce qu'a particulièrement observé le célèbre anatomiste *Charles Bell*.

On dit que Bonaparte, après le siège de Toulon, ne pouvait plus mettre que très difficilement le chapeau dont il se servait avant d'avoir entrepris les travaux intellectuels auxquels avait donné lieu cette longue et difficile opération.

L'action du cerveau se porte d'ailleurs, non seulement sur le crâne, mais même sur le *cuir chevelu*, avec une intensité tellement grande qu'à la suite de violents chagrins et de terribles préoccupations, les cheveux peuvent rapidement perdre leur couleur. Ceux de *Marie Stuart* devinrent *entièrement blancs* pendant la nuit qui précéda le jour de son exécution.

Or, toutes les parties du cerveau ne sont pas soumises aux mêmes travaux, aux mêmes excitations. Il en résulte que leur développement ne suit pas la même marche, n'est pas aussi rapide. Par conséquent, les parties correspondantes du crâne ont aussi un développement relatif.

Ce fut là le point de départ de Gall.

Cependant, bien avant lui, la *Crâniologie*, ou *Crânioscopie* ou *Crâniomancie* était connue, et avait été l'objet de travaux particuliers et souvent remarquables.

Albert le Grand, qui occupait au XIIIe siècle le siège archiépiscopal de Ratisbonne, avait divisé le crâne en une douzaine de parties, correspondant chacune à une faculté particulière de l'âme.

Au XVe siècle, *Ludovico Dolci, Gordon, Pierre de Montagna,* et le fameux *Charles Bonnet,* firent des travaux semblables. Charles Bonnet allait même beaucoup plus loin que Gall : il prétendait que chaque fibre cérébrale préside à une fonction particulière.

Gall n'a donc fait que reprendre les études de ses devanciers. Il les a analysées, coordonnées, et, à l'aide de longs et sérieux travaux, il est parvenu à localiser dans chaque circonvolution du cerveau les facultés correspondantes.

Avant lui, la science phrénologique ne procédait que par tâtonnements. C'était à vrai dire de l'empirisme. Aujourd'hui, la phrénologie est une science réelle, qui a eu, comme toutes les autres à leurs commencements, ses détracteurs acharnés et ses passionnés admirateurs.

II

Gall. — Son histoire.
Cuvier, admirateur et, plus tard, adversaire passionné de la science phrénologique. — Spurzheim, élève de Gall; Cubi y Soler, Fossati, Castle et Broussais. — Division du crâne par Gall. — Division du crâne par Castle.

Gall (François-Joseph) naquit le 9 mars 1758, à Tiefenbrœnn, dans le grand-duché de Bade. Son vrai nom était Gallo; mais ses aïeux, Italiens et catholiques, en venant s'établir en Allemagne, avaient cru devoir germaniser leur nom, chose facile par la simple élimination de la dernière lettre. Son père, officier de justice de la ville et commerçant, l'avait d'abord destiné à la carrière ecclésiastique; mais, ne se sentant aucune vocation pour cet état, Gall étudia la médecine et suivit à Strasbourg les cours de la Faculté. Plus tard, il alla continuer ses études à Vienne où il fut reçu docteur.

Bientôt il fit connaître dans cette ville ses premières idées sur la phrénologie.

D'ardentes controverses s'établirent. Gall se vit traité de charlatan et d'empirique. Il se vit l'objet de tant de haines et de tant d'intolérance, non seulement de la part de ses adversaires, mais même de la censure, qu'il se résolut à quitter Vienne et alla à Berlin. Là, il eut beaucoup plus de succès, surtout après avoir prouvé dans des circonstances nombreuses, et principalement par l'examen des prisonniers, la presque infaillibilité de la science dont il s'était fait le vulgarisateur. De là il passa à Spandau et fit dans les prisons de cette ville les même démonstrations, les mêmes conférences, devant les personnes les plus notables de l'endroit.

Il visita ensuite Gœttingue, Halle, Hambourg, Torgau, Leipzig,

Dresde, etc., provoquant partout une enthousiaste admiration pour la nouvelle science et créant des adeptes et des élèves nombreux. Il vint enfin en France, où il se fixa, et mourut à Paris le 22 août 1828, à l'âge de 70 ans.

A Paris, l'un de ses plus chauds admirateurs fut notre célèbre paléontologiste CUVIER, que l'Académie chargea, avec plusieurs autres de ses collègues de l'Institut, de rédiger un mémoire sur la nouvelle science. Quel ne fut pas l'étonnement de tous ceux qui connaissaient Cuvier en apprenant que les conclusions de son rapport étaient entièrement défavorables à la phrénologie ! On n'a jamais connu les étranges motifs d'un aussi brusque changement d'opinion. On les a seulement soupçonnés, et l'on croit savoir qu'ils n'étaient pas le moins du monde scientifiques.

En mourant, GALL laissa de nombreux adeptes qui débarrassèrent peu à peu la science phrénologique des langes dans lesquels elle avait été enveloppée d'abord. Le classement et la description des organes acquirent peu à peu une précision bien plus grande que n'aurait osé l'espérer le célèbre médecin.

SPURZHEIM (Jean-Gaspard), son meilleur élève et son ami, qui avait été pendant longtemps son collaborateur, alla faire des conférences en Amérique, en Écosse et en France, où il demeura assez longtemps ; puis il se fixa définitivement en Angleterre où il publia, en anglais, des ouvrages nombreux et très estimés sur la matière. A Édimbourg, il fonda même un *journal* et une *Société phrénologique* qui durèrent près de dix-huit ans.

MARIANO CUBI Y SOLER, FOSSATI, le docteur BROUSSAIS et le docteur CASTLE ont consacré, eux aussi, de longues veilles à ces études spéciales. Les travaux de ces savants sont particulièrement remarquables et ont contribué dans une grande mesure à relever la science phrénologique, qui s'était trouvée pendant assez longtemps délaissée, après la mort de GALL et de SPURZHEIM.

Gall avait donc divisé toute la partie supérieure et les parties latérales du crâne en parties distinctes, à chacune desquelles il avait affecté un sentiment, une propension, un vice, une vertu, une faculté.

Ces divisions, au nombre de *vingt-sept*, étaient les suivantes :

1. — Instinct de la génération.
2. — Amour de ses enfants.
3. — Douceur et affection.
4. — Propension à se défendre.
5. — Propension au meurtre.
6. — Goût des combats ; ruse.
7. — Sentiment de la propriété.
8. — Sentiment de sa propre valeur ; amour-propre ; orgueil.
9. — Désir des honneurs et des richesses ; ambition.
10. — Prudence.
11. — Mémoire des choses.
12. — Mémoire des lieux.
13. — Mémoire des personnes.
14. — Mémoire proprement dite (*récitation ; mémoire des mots*).
15. — Aptitude philosophique.
16. — Goût de la peinture.
17. — Goût de la musique.
18. — Aptitude pour les mathématiques.
19. — Aptitude pour les arts.
20. — Faculté analytique ; raisonnement, comparaison, etc.
21. — Aptitude pour les sciences métaphysiques.
22. — Gaieté, enjouement, grâces de l'esprit.
23. — Aptitude pour la poésie.
24. — Bienveillance, bonté d'âme, compassion.
25. — Sens de la représentation et de l'imitation.
26. — Religion.
27. — Fermeté de caractère. Volonté tenace.

C'était là la première nomenclature des diverses parties superficielles du crâne.

Telle qu'elle était, elle servit de base aux conférences et aux nombreux travaux de GALL. Il y fit pourtant dans la suite divers changements, tout en limitant le nombre des protubérances à vingt-sept.

En 1843, le docteur CASTLE, dans son livre intitulé *Théorie et pratique de la Phrénologie*, ouvrage fort estimé et où, pour la première fois, se trouvent établies les lois qui régissent l'association des facultés intellectuelles et des instincts, a ajouté huit autres parties distinctes en subdivisant quelques-unes de celles qu'avait adoptées GALL.

En outre, il a assigné une autre fonction similaire à quelques parties, ou a élargi le domaine de celles qu'avait déjà reconnues le fondateur de cette science.

Voici sa nomenclature, telle que la donne le docteur PAUL :

1. — *Amativité.* — Attraction bissexuelle.

2. — *Philogéniture.* — Instinct de paternité. Attraction vers les enfants.

3. — *Concentrativité.* — Pouvoir de concentrer une ou plusieurs facultés et sentiments sur un sujet donné, un sujet déterminé.

4. — *Adhésivité.* — Instinct d'attachement, d'amitié, d'affection.

5. — *Combativité.* — Instinct de la résistance, de la défense personnelle.

6. — *Destructivité.* — Instinct d'énergie physique, tendance à détruire, élément essentiel du courage animal offensif.

7. — *Secrétivité.* — Instinct de retenue, de réserve. Tendance à dissimuler les sentiments et les idées.

Napoléon Ier et le duc de Wellington possédaient au plus haut degré cette faculté particulière.

8. — *Acquisivité.* — Instinct d'acquérir et de conserver. Exagéré, cet organe dénote l'instinct du vol.

9. — *Constructivité.* — Instinct mécanique. Tendance et aptitude à construire, à inventer, à édifier.

10. — *Estime de soi.* — Sentiment de sa propre valeur ; dignité personnelle ; respect de soi-même ; confiance en soi ; audace.

Exagérée, cette protubérance indique la fatuité, l'insolence.

11. — *Approbativité.* — Désir de l'approbation d'autrui, de la gloire, des honneurs, de la réputation, de la renommée.

12. — *Circonspection.* — Instinct de prudence, de réserve, de précaution, d'appréhension.

Exagérée, cette protubérance indique la défiance de soi-même, la timidité.

13. — *Bienveillance.* — Sentiment de bonté, de philanthropie, de charité.

Exagéré, ce sentiment tourne à la *bonnasserie,* à la niaiserie.

14. — *Vénération.* — Sentiment de déférence, de respect, de piété ; élément essentiel du sentiment religieux.

15. — *Fermeté.* — Instinct de volonté, de ténacité, de persévérance, d'inflexibilité, de force de caractère.

16. — *Conscienciosité.* — Sentiment d'équité et de justice. Instinct du devoir.

17. — *Espérance.* — Sentiment qui relie le présent à l'avenir en laissant pressentir l'accomplissement de nos vœux.

18. — *Merveillosité.* — Instinct de croyance, ou foi instinctive. Élément essentiel aussi du sentiment religieux. (*Voir n°* 14).

19. — *Idéalité.* — Appréciation du beau. Aspiration vers la perfection. Élément essentiel de l'imagination.

20. — *Esprit de saillie.* — Perception rapide des contrastes et des antithèses. — L'éducation développe considérablement cette faculté.

21. — *Imitation.* — Instinct d'imiter, de s'assimiler les manières d'être d'autrui ; facilité d'interprétation générale.

22. — *Individualité.* — Perception des entités ; mémoire des individualités.

23. — *Configuration.* — Perception et mémoire des contours.

24. — *Étendue.* — Appréciation des distances, des dimensions, etc. ;

25. — *Pesanteur.* — Instinct de la gravitation, de l'équilibre général. Évaluation de la pression et de la résistance (ou densité) d'une masse quelconque.

26. — *Couleurs.* — Perception des nuances du coloris ; élément essentiel de l'art de la peinture.

27. — *Localité.* — Perception des rapports de situation dans l'espace. Mémoire des lieux. Faculté de s'orienter, de se diriger. Élément essentiel de la science nautique.

28. — *Nombres.* — Appréciation des rapports numériques ; instinct d'arithmétique ; mémoire des chiffres ; disposition au calcul.

29. — *Ordre.* — Disposition au coordonnement symétrique. Instinct de l'arrangement matériel.

30. — *Éventualité.* — Mémoire directe des événements et des faits. Élément essentiel de l'historien et du statisticien.

31. — *Temps.* — Appréciation des rapports de succession dans le temps. Perception de la durée, de la mesure, des intervalles rythmiques.

Élément essentiel de la science du musicien *exécutant.*

32. — *Sons.* — Appréciation des rapports des sons musicaux ; perception et mémoire de la *mélodie ;* aptitude spéciale à la composition musicale.

Élément essentiel de la science du musicien *compositeur.*

33. — *Langage.* — Perception des rapports des sons articulés. Mémoire des mots. Aptitude pour l'étude des langues. Facilité d'élocution.

Élément essentiel de l'orateur.

34. — *Comparaison.* — Perception des analogies.

Élément essentiel du philosophe et du savant.

35. — *Causalité.* — Perception de la relation des *causes* et des *effets ;* faculté de raisonnement par l'analyse ; faculté d'induction et de déduction.

Autre élément essentiel à la science du savant et du philosophe.

On voit que la différence est très marquée entre les deux nomenclatures.

Cela tient principalement, comme je l'ai dit plus haut, à ce que certaines parties désignées par Gall ont été dédoublées par ses successeurs ; et aussi à ce que plusieurs chiffres ont été déplacés et ne désignent plus les parties auxquelles ils étaient primitivement affectés.

Ainsi, la nomenclature de CUBI Y SOLER est complètement différente de celle de SPURZHEIM, et celle-ci ne se rapporte que de très loin à celle de GALL. D'un autre côté, celles de BROUSSAIS et de CASTLE, très différentes entre elles, s'éloignent aussi beaucoup des deux précédentes.

Mais il n'y a là qu'une question de *chiffres* et de *désignation* des protubérances. Par conséquent on ne court aucun risque de tomber dans l'erreur en prenant le système de l'un de ces savants plutôt que celui d'un autre.

Il est d'ailleurs préférable de s'en tenir au plus récent, qui, naturellement, est basé sur les dernières données de la science.

Nous allons maintenant étudier les *protubérances* sur le crâne même et leur assigner la place qu'elles y occupent. Nous nous servirons, pour cette dernière partie de notre étude, de la nomenclature adoptée par MM. LITTRÉ et CHARLES ROBIN dans leur *Dictionnaire de médecine*.

Sans nous étendre outre mesure dans la description de la boîte osseuse du crâne ; sans nous arrêter dans l'inextricable dédale des dénominations particulières à chacune des parties qui forment ce tout, nous nous occuperons tout simplement de diviser la surface crânienne et ses *parties phrénologiques* seulement.

Ce n'est pas ici un cours *d'ostéologie*, et je croirais fatiguer mes lecteurs au lieu de les distraire, si je les entraînais avec moi trop avant dans des démonstrations anatomiques.

III

Voici comment s'expriment LITTRÉ et CH. ROBIN dans leur *Dictionnaire
de médecine*, à l'article CRANIOLOGIE :

« Le crâne étant exactement moulé sur la masse cérébrale, chaque
» portion de sa surface présente des dimensions plus ou moins grandes,
» un développement plus ou moins considérable, suivant que la portion
» correspondante du cerveau est elle-même plus ou moins développée.
» Or, le cerveau étant le siège des facultés intellectuelles et affectives, si
» les individus chez lesquels telle portion du crâne est largement déve-
» loppée ou forme un relief très prononcé se font remarquer par une
» même faculté, par un même talent, une même vertu ou un même
» vice, on conclut de là que la portion du cerveau sous-jacente à cette
» partie du crâne est le siège de cette faculté, de ce talent, de cette vertu
» ou de ce vice, qu'elle en est l'organe spécial. C'est par cette hypothèse
» que Gall a été conduit à regarder le cerveau comme une agrégation
» de parties dont chacune est l'instrument ou l'organe d'une faculté
» particulière, et à y distinguer *vingt-sept* organes particuliers ayant
» chacun une place déterminée. Outre les *vingt-sept* organes décrits par
» GALL, SPURZHEIM, son disciple et son collaborateur, en a admis plu-
» sieurs autres, et aujourd'hui encore les phrénologues sont loin de
» s'accorder sur leur nombre et leur détermination.

» Bien que l'*hypothèse* de GALL *n'ait point été vérifiée par l'expérience*,
» et bien que, *manquant de cette vérification*, elle pèche autant dans la
» détermination des facultés que dans celle des organes, néanmoins,

» comme l'on peut avoir à discuter sur ces questions, nous donnons
» deux têtes sur lesquelles les vingt-sept organes *supposés* par GALL sont
» indiqués par des chiffres, dans l'ordre où il les a. présentés. Ceux qui
» ont été supposés plus tard sont indiqués par les lettres A, B, C, etc. »

On voit que MM. LITTRÉ et ROBIN n'ont pas une bien grande confiance dans la science phrénologique.

Je rappellerai d'ailleurs ce que j'ai déjà dit: CUVIER, l'immortel CUVIER, s'était épris d'une passion ardente pour la science que Gall préconisait et à laquelle ce savant consacrait sa vie. D'autres savants firent comme lui. D'autres traitèrent d'utopies les affirmations du célèbre médecin, et déclarèrent *quand même* qu'il y avait là plutôt un jeu d'enfant, une scientifique jonglerie, qu'une branche véritable de la science physiologique.

J'ai déjà démontré dans un de mes précédents ouvrages, que la même scission se produisit chez les savants et existe encore de nos jours à propos du *Mesmérisme*, c'est-à-dire du *Magnétisme animal*.

Tout ce qui paraît aller au rebours de nos habitudes routinières, tout ce qui sort du commun, et surtout tout ce qui a une grande apparence de vérité, apparence appuyée souvent par des expériences concluantes, provoque toujours des répulsions et des enthousiasmes exagérés dans le fond et dans la forme.

Cela est si extraordinaire, en effet, de reconnaître à la simple inspection du crâne si un individu est un savant ou un crétin, un philosophe ou un proxénète, un mathématicien ou un bouvier, que la nouvelle science a dû et doit encore produire d'ardents missionnaires et d'acharnés détracteurs !

Elle laisse aussi, il faut le reconnaître, un grand nombre de savants dans une sorte d'indifférente neutralité dont ils ne cherchent pas à sortir par l'examen des preuves apportées ou par une expérience pratique personnelle. De ceux-là sont MM. LITTRÉ et CH. ROBIN, deux gloires du corps médical. Et il y a lieu de s'étonner de lire dans leur ouvrage que l'*hypothèse* de GALL *n'a point été vérifiée par l'expérience ; qu'elle manque de vérification ;* alors qu'au contraire 'les vérifications abondent et sont certifiées par de nombreux savants de toute nationalité, entre autres par le célèbre docteur Broussais, qui certes occupe une place honorable dans notre corps médical, et s'est montré l'un des plus ardents propagateurs de la science phrénologique.

La *figure* 1 représente une tête vue de face.

La *figure* 2 représente la même tête vue du côté gauche.

Sur toutes les deux, les mêmes signes indiquent les mêmes divisions.

Voici la nomenclature appropriée à la division que je donne, nomenclature la plus récente, celle qui résume les derniers travaux et les plus récentes découvertes de la science de Gall ; les divisions établies par le célèbre docteur, au nombre de *vingt-sept*, sont indiquées par des chiffres, et celles qui ont été établies par d'autres phrénologues le sont par les lettres de l'alphabet.

1. — *Faculté génératrice.* — Elle a pour siège le *cervelet*, à la base du crâne, et est déterminée à la surface de la boîte crânienne par deux saillies symétriques, à droite et à gauche de la ligue médiane de la tête, au-dessous de la ligne courbe occipitale.

2. — *Philogéniture.* — Amour des enfants, des siens en particulier. C'est la protubérance occipitale.

3. — *Docilité, éducabilité, mémoire des choses* (Spurzheim : *Éventualité*). Le siège de cette faculté est situé un peu au-dessus de la racine du nez.

4. — *Cosmognose*, ou *Connaissance et mémoire des lieux.* — Cette faculté est représentée par le renflement du bord intérieur du sourcil, et particulièrement à la partie interne des sinus frontaux.

5. — *Prosopognose*, ou *Mémoire des personnes*, ou *configurations.* — Cette faculté a son siège un peu au-dessus de l'angle interne de l'orbite, et comprend l'intervalle qui existe entre les deux yeux.

6. — *Chromatique*, ou *Connaissance des couleurs.* — Elle est située un peu au-dessus de la partie moyenne du sourcil.

7. — *Musique.* — Elle est située un peu en arrière et au-dessus de la faculté n° 6. — Au-dessus du tiers interne de l'orbite.

8. — *Mathématiques*. — Le siège de cette faculté est situé au-dessus de l'angle externe de l'orbite.

9. — *Mémoire, Onomasophie*. — Au fond de l'orbite ; au fond de l'œil.

Quand cette partie de la masse cérébrale est très développée, la partie frontale du fond de l'orbite est saillante et pousse, par conséquent, l'œil au dehors ; l'œil paraît très gros et saillant. L'individu qui présente cette configuration jouit d'une mémoire quelquefois prodigieuse, en ce qui concerne spécialement les noms, les mots, les dates, abstraction faite de tout autre faculté ; car la personne ainsi douée peut être dénuée d'intelligence et répéter machinalement ce que la mémoire lui dicte.

Un exemple.

Un jour on présenta à Louis XV un homme possédant la mémoire la plus étonnante dont on eut jamais ouï parler. On n'avait qu'à réciter devant lui une liste de quarante à cinquante noms propres pris au hasard : il les récitait lui-même immédiatement, sans en omettre un seul, et, au besoin, il commençait par le dernier et finissait par le premier. On lui lisait une page ou deux d'un livre quelconque, il les récitait imperturbablement.

Le roi fut extrêmement surpris de l'extraordinaire faculté que possédait cet homme, et lui lut lui-même une vingtaine de lignes d'un livre grec qu'il avait sous la main. L'homme, qui cependant ignorait cette langue, répéta ces lignes avec une assurance tout à fait stupéfiante.

Le soir, Voltaire devait lire au roi une nouvelle tragédie qu'il venait de terminer. L'homme fut congrûment vêtu et assista à cette lecture.

Dès la première scène le roi dit au célèbre poète : « Pardon, est-ce bien de vous ces vers-là ?... — Certes, sire ! Qui donc pourrait dire le contraire ?... — Moi, dit l'homme. — Vous ? — Parfaitement ! Je fis ces vers-là, qui ne valent pas grand'chose, je l'avoue, il y a quelques mois à peine. Tenez, je vais vous les réciter céans. »

Et la récitation eut lieu avec toutes les nuances de diction et l'intonation particulière que le poète s'était appliqué à mettre lui-même à ses vers.

Impossible de dépeindre sa stupéfaction.

— Lisez, lisez, reprit l'individu. Je suis sûr maintenant que mon manuscrit est tombé entre vos mains et que vous l'avez indignement mis au pillage. Je vais retrouver dans votre œuvre bon nombre de vers qui m'appartiennent.

Le poète choisit une tirade qui lui avait coûté de longues veilles.

Au trentième vers l'autre l'arrêta et lui dit: Parbleu, c'est là-dessus que je comptais pour empoigner le public! Tenez, écoutez :...

Et il récita lentement, emphatiquement et d'un bout à l'autre, sans la moindre hésitation, le morceau qui servait de *clou* à la tragédie.

Le poète, ahuri et désespéré, se disposait sérieusement à s'arracher les cheveux, quand on le mit au courant de la supercherie.

10. — *Glossomathie* ou *Esprit des langues.* — Cette faculté a son siège sur l'orbite, un peu au-dessus du n° 9.

11. — *Mécanique, Industrie, constructivité.* — Vers les tempes, à la base extérieure de l'os frontal. C'est là ce que le vulgaire appelle communément la *bosse des mathématiques.*

12. — *Affectionnivité, amitié.* — Vers le milieu du bord postérieur du pariétal, un peu plus haut que le siège de la *Philogéniture.* Cette faculté porte l'homme à s'attacher aux objets animés ou inanimés, aux choses, aux personnes, aux lieux. Quand elle est exagérée, il souffre de la *nostalgie.*

13. — *Combativité.* — Le siège de cette faculté est situé vers l'angle du temporal, un peu au-dessus de l'oreille.

14. — *Destructivité.* — Au-dessus de l'oreille aussi, vers la partie supérieure et postérieure du temporal.

15. — *Ruse.* — Un peu au-dessus de la partie n° 14. A cette faculté se rattachent la *prudence,* la *dissimulation* et la *discrétion.*

16. — *Acquisivité, vol.* — Désir d'acquérir, de s'approprier. Peu développé, cet organe ne produit que des appétits licites. Très développé, il conduit au vol.

17. — *Estime de soi-même, fierté.* — Derrière le sommet de la tête, à la jonction des deux pariétaux. Exagérée, cette faculté devient de l'orgueil, de la présomption, de l'insolence, de la morgue, etc.

18. — *Approbativité, orgueil, vanité, ambition.* — A l'angle supérieur et postérieur du pariétal.

19. — *Circonspection.*

20. — *Faculté d'analogie. Sagacité comparative.* — Au-dessus de la partie moyenne et antérieure du frontal.

21. — *Faculté métaphysique, Causalité.* — Cette partie se confond presque avec la précédente.

22. — *Bel esprit, Causticité, Saillie.* — Faculté de saisir promptement, immédiatement, le côté principal d'une question, de le développer brillamment, en peu de mots, et parfois brutalement. Faculté de répondre brièvement, nettement et souvent même vigoureusement. Il est à l'esprit ce que la *Combativité* (nº 13) est au corps.

23. — *Faculté inductive* ou *d'induction.* — Elle résume les trois précédentes. C'est la faculté par laquelle l'homme étudie la conséquence des *causes* et peut ainsi en prévoir sûrement les *effets.*

24. — *Bienveillance, bonhomie, douceur.* — A l'extrémité de la suture frontale, au-dessus de l'organe de la sagacité (nº 20).

25. — *Imitation, mimique, pantomime.* — Au côté externe de l'organe de la douceur. Les gens du midi ont cette protubérance particulièrement développée. Ils joignent volontiers le geste à la parole. C'est la faculté de rendre le plus fortement et le plus clairement possible ce que l'on pense. C'est aussi la faculté d'imiter l'attitude, la démarche et les gestes d'autrui; de traduire un sentiment, un plaisir, un étonnement, une douleur. C'est la faculté indispensable au *comédien.*

26. — *Théosophie, vénération.* — Au sommet de la tête, à l'articulation de l'angle saillant du frontal avec l'angle rentrant des pariétaux. Cette faculté dispose aux idées religieuses, à la piété filiale, au dévouement et au respect pour les personnes d'un rang élevé ou desquelles on dépend dans les diverses classes de la société. Exagérée, elle produit la timidité exagérée, l'humilité, la bassesse, l'oubli complet de sa dignité personnelle, la platitude.

27. — *Fermeté, persévérance.* — A la partie postérieure et la plus élevée des pariétaux.

A. — *Habitativité* ou *Concentrativité.* — Faculté par laquelle l'homme concentre ses pensées de façon à ne pas se laisser distraire du but qu'il se propose. A cette faculté se rattache aussi celle par laquelle l'homme est toujours attiré par le pays qui l'a vu naître ou qu'il a longtemps habité. Elle a beaucoup de rapport avec la faculté de la protubérance n° 12 qui, exagérée, produit la nostalgie.

B. — *Concienciosité.* — Sentiment du devoir et de tout ce qui est juste.

C. — *Espérance.* — Aspiration vers ce qui peut nous être bon et utile dans l'avenir.

D. — *Merveillosité.* — Disposition à une croyance exagérée, religieuse ou autre ; à l'exagération de ce qui nous paraît puissant ou redoutable, laid ou beau.

E. — *Idéalité.* — Faculté qui nous porte vers l'idéal, vers la recherche du meilleur et du parfait, du *beau* esthétique. Les personnes chez qui cette faculté est développée s'enthousiasment facilement et au moindre propos, et sont faciles à tromper.

F. — *Individualité.* — A la racine du nez, entre les deux sourcils, dont cette protubérance produit l'écartement plus ou moins grand. Cet organe est celui de la faculté spéciale qui nous porte à étudier les individus séparément, à les observer et à les classer. Cette faculté est nécessaire aux hommes qui s'occupent des sciences naturelles, de chimie, d'anthropologie, etc. — Elle est souvent très développée chez les criminalistes, chez les magistrats et chez toutes les personnes qui étudient spécialement l'homme à différents points de vue.

G. — *Étendue.* — Faculté spéciale pour les sciences de la géométrie, de l'astronomie, etc.

H. — *Résistance, pesanteur.* — Même observation.

I. — *Ordre.* — Faculté de mettre minutieusement chaque chose à sa place et de classer avec du raisonnement et de l'intelligence les diverses parties d'un tout, d'une science, etc. — Se rapproche beaucoup de l'*Individualité* (F).

K. — *Temps.* — Connaissance de la durée des époques, du temps, de la *mesure*, en musique, etc.

On le voit, il y a de grandes différences entre cette nomenclature, la dernière adoptée, et celle du docteur GALL.

Terminons maintenant par quelques considérations générales destinées à compléter ce que nous venons d'étudier, et par quelques exemples pris dans la pratique du docteur GALL. Nous verrons par là que la science phrénologique n'a jamais manqué de vérification, quoi qu'en disent LITTRÉ et ROBIN.

Et d'abord, comme le dit *Cubi y Soler*, tout le monde est plus ou moins phrénologue. J'ajouterai que tout le monde peut le devenir aisément, en s'appliquant à rapprocher l'extérieur de la face et du crâne des individus, de leurs diverses qualités ou de leurs défauts particuliers.

Certaines particularités nous frappent tout d'abord, sans même que nous nous rendions compte du motif de notre impression. Combien de fois, tous les jours, en voyant un homme au front haut et large, ne dit-on pas : *Voilà un homme qui paraît fort intelligent?....* — En effet, c'est dans la partie supérieure et antérieure du crâne que se trouvent localisés les principaux organes de nos facultés intellectuelles.

En outre, et avec un peu d'attention, il est facile d'arriver promptement à se faire une idée générale des aptitudes, des défauts ou des vices des individus. Certaines facultés se trahissent par un assez grand développement des parties correspondantes du crâne et s'imposent tout d'abord au regard.

Ainsi, une personne qui a les parties latérales du front bombées est très certainement douée d'une grande facilité d'assimilation pour les mathématiques.

Celle qui a les deux côtés symétriques de la base du crâne (derrière la tête) très développés, bombés, gras, possède à un haut degré l'*amativité*.

Celle dont les temporaux, principalement *au-dessus des oreilles*, sont bombés, est encline à l'*acquisivité*. S'il y a exagération dans la protubérance, elle est portée au *vol*.

Celle dont la base du nez est large et les sourcils écartés est une personne à laquelle l'observation des choses et des faits, leur classement, sont familiers. C'est là un observateur, un classificateur, un statisticien, un bibliothécaire, si vous voulez.

Celle dont les yeux sont saillants, est douée indubitablement d'une grande mémoire; mais ici il peut y avoir de nombreuses causes d'erreur, et voici pourquoi : les yeux peuvent être saillants parce que l'œil est, dans certains cas, légèrement ovoïde en avant et que la cornée est très bombée. C'est le cas particulier des personnes affectées de myopie. Cependant, malgré cette apparence, un myope peut être absolument dépourvu de mémoire.

J'ai dit plus haut que GALL, forcé de quitter Vienne en raison des tracasseries sans nombre dont il était l'objet de la part des adversaires de son système, se rendit en Prusse et visita longuement les prisons de Berlin et de Spaudau.

L'enthousiasme qu'il excita par les nombreuses applications de sa science fut si éclatant, si universel, que l'on alla jusqu'à frapper une médaille pour consacrer le souvenir du passage de ce savant.

Je prends au hasard quelques-uns des diagnostics qui lui assurèrent une aussi grande célébrité. Ils sont mentionnés dans le compte rendu d'une visite à ces deux prisons, fait par un magistrat de Berlin.

Le docteur examine un jeune homme du nom de *Brumar*.

Il lui trouve les protubérances du *vol*, de l'*estime de soi-même*, des *arts* et de la *mémoire des lieux*.

Effectivement cet individu, fort adroit dans tous les ouvrages manuels et d'un orgueil dont il donnait des preuves fréquentes, était détenu pour vol.

Il trouve chez le nommé *Maschke* une très grande aptitude pour les *arts*, principalement pour les *arts mécaniques*.

Cet individu était détenu pour crime de fausse monnaie.

Chez le nommé *Trapp*, il trouve la même aptitude, et, en outre, la faculté de l'*imitation* portée au plus haut degré. GALL déclare même que si cet homme avait pu se lier avec des comédiens il aurait embrassé leur profession.

Or, Trapp, *horloger*, avait été condamné pour vol et, au moment de son arrestation, il s'était déguisé en officier.

De plus, circonstance absolument ignorée du directeur de la prison et des camarades du détenu, Trapp avait pendant assez longtemps fait partie d'une troupe nomade de comédiens. C'est lui-même qui le déclara à GALL.

Dans une prison de femmes, le docteur avise une personne portant le costume des détenues et qui s'occupe, au milieu d'une salle, à des travaux de couture. Il l'examine et, tout surpris, demande au directeur ce qu'a pu faire cette personne dont le crâne est merveilleusement constitué et ne présente rien d'anormal.

On lui répond qu'effectivement la personne dont il s'agit n'est pas détenue : c'était la surveillante de la salle.

Il voit un homme chez lequel les protubérances du *vol* et de l'*élévation* sont exagérées.

On lui dit que cet individu, nommé *Albert*, est un voleur émérite et un intraitable orgueilleux. Les châtiments les plus rigoureux ne peuvent l'astreindre à se soumettre aux règlements de la prison.

Chez un autre détenu, nommé *Kunisch*, il constate à un haut degré les protubérances du *vol* et des *arts mécaniques*.

Or, cet individu est condamné pour vol ; mais il excelle tellement dans les arts mécaniques qu'on lui a confié le soin d'inspecter et de réparer les machines à filer.

On lui amène un autre prisonnier, le docteur *Kunow*. Il l'examine et constate sur son crâne les protubérances exagérées de la *musique* et de l'*amativité*.

Effectivement, ce docteur, excellent musicien, avait été condamné pour de nombreux attentats à la pudeur.

Je termine ici ces citations. Il faudrait un gros volume pour rapporter les preuves que GALL et ses continuateurs ont données de l'excellence de la science phrénologique.

Je crois toutefois avoir donné à mes lecteurs une idée assez nette des procédés dont elle dispose et de la marche qu'elle suit dans ses investigations.

IV

Notions de Physionomie ou l'art de découvrir les passions,
les caractères, les instincts particuliers des individus par la seule inspection
des traits de leur visage et de la conformation des principales parties de
leur corps.

Un mot maintenant sur une science qui a de nombreux rapports avec la phrénologie; science dans laquelle Lavater s'est fait un nom illustre : la Physionomie. On confond même souvent l'une et l'autre; et bien des personnes pensent que *Lavater* et *Gall* s'occupèrent des mêmes travaux, ce qu'il importe de rectifier.

La Physionomie est l'art de découvrir, à la seule inspection des traits du visage, de la physionomie, de la conformation des principales parties du corps, le caractère particulier des individus, parfois même leurs passions, leurs souffrances, leurs maladies physiques ou morales, leurs instincts, etc. La physionomie procède tout simplement par la vue; la phrénologie, au contraire, procède par le toucher. Le phrénologue a besoin de palper, de toucher le crâne pour se rendre compte des protubérances qui existent à sa surface, s'assurer de leur existence, de leurs dimensions, et diagnostiquer ensuite les diverses facultés ou propensions du sujet. Le physionome, lui, n'a qu'à considérer l'ensemble du visage, l'expression des yeux, la démarche, l'allure générale de l'homme soumis à son examen, et il prononce son diagnostic.

Cette science, fort ancienne, a eu, comme toutes celles qui sortent des sentiers ordinaires, ses détracteurs et ses panégyristes; les uns et les autres plus ou moins convaincus. Le philosophe grec *Zopire* passe pour l'un des premiers physionomes connus. *Hippocrate* et *Aristote* pratiquèrent également cette science; ce dernier a même écrit sur la matière un traité fort complet et très curieux. *Vespasien, Marc-Aurèle, Montaigne, Bacon, Porta, Lachambre, Pernetti, Claramontius*, ont été des physionomes d'une certaine valeur. Dans ses *Essais*, Montaigne dit :

« J'ai lu parfois, entre deux beaux yeux, des menaces d'une nature maligne et dangereuse ; il y a des physionomies favorables, et, en une presse d'ennemis victorieux, vous choisirez incontinent parmi des hommes inconnus, l'un plutôt que l'autre, à qui vous rendre et fier votre vie, et non proprement par la considération de la beauté. Il semble qu'il y ait aucuns visages heureux et d'autres malencontreux ; et je crois qu'il y a quelque art à distinguer les visages débonnaires des niais, les sévères des rudes, les malicieux des chagrins, les dédaigneux des mélancoliques, et telles autres qualités voisines. Il y a des beautés non fières seulement, mais aigres ; il y en a d'autres douces, et encore au delà fades. »

Avant lui, l'empereur Marc-Aurèle avait dit : « Ton discours es écrit sur ton front, je l'ai lu avant que tu aies parlé ! Un homme plein de franchise et de probité répand autour de lui un arome qui le caractérise. On le sent, on le devine. Toute son âme, tout son caractère, se montre sur son visage et dans ses yeux. »

LAVATER, le premier vulgarisateur de la physionomie, le savant qui a réuni en un faisceau unique toutes les données connues avant lui sur cette matière et celles qui résultaient de ses propres travaux, naquit en Suisse, à Zurich, le 15 novembre 1741, et mourut le 2 janvier 1800, à l'âge de cinquante-neuf ans.

On cite de lui des exemples de pénétration, de divination pour ainsi dire incroyables, et qui montrent à quel degré il avait poussé l'étude de la science à laquelle il consacra sa vie.

Un jour il rencontra dans une maison amie un jeune abbé nommé *Frickt*, dont le visage était remarquablement beau et faisait l'admiration de toutes les personnes qui le voyaient. Sous ces dehors charmants, Lavater découvrit un vice quelconque et il déclara ceci : « Ce jeune homme nourrit en lui une passion violente dont le dénouement sera tragique. » Tout le monde se récria, et l'on traita le savant de maniaque, d'aveugle, de pessimiste, etc. Certes, un aussi beau visage, si doux, si angélique, ne pouvait cacher une âme corrompue à ce point. Quelque temps après, le jeune et charmant abbé Frickt assassinait un conducteur de diligence et lui volait sa bourse. Interrogé, il avoua avoir déjà commis d'autres crimes de ce genre, toujours pour l'amour de l'or.

Une autre fois, une dame amena sa fille à Lavater, en le priant de lui déclarer franchement le résultat de l'examen qu'il ferait de la physionomie de son enfant. Le savant examina longuement le visage de cette jeune personne ; puis, sans mot dire, il écrivit quelques mots sur une feuille de papier, l'enferma dans une enveloppe, et dit à la mère : « Tenez, madame, promettez-moi de n'ouvrir ceci que dans six mois... » La mère promit. Six mois après elle ouvrit l'enveloppe, et elle lut ces mots : « Je pleure et je prie avec vous. Quand vous ouvrirez cette lettre, vous serez déjà la plus malheureuse des mères. » Or, sa fille était morte depuis un mois.

Quelque temps avant la Révolution, un haut personnage lui conduisit sa jeune épouse, qui passait à juste titre pour la plus jolie femme de Paris, et le pria de lui dire ce qu'il pensait de la physionomie de cette dernière. Des dehors aussi séduisants ne pouvaient que troubler l'âme de l'examinateur et l'enchaîner par l'admiration. Son jugement devait certainement être favorable. Lavater refusa d'abord de donner son diagnostic, et le haut personnage dut quitter Zurich sans l'avoir obtenu. Mais il revint tout exprès de Paris, seul, pour supplier Lavater de parler. Celui-ci écrivit ce qui lui répugnait à dire de vive voix : Selon lui, la jeune et adorable femme de son consultant était un résumé de tous les vices, une véritable boîte de Pandore, sans le correctif de l'espérance d'un changement.

Le personnage, furieux, ne tint aucun compte du résultat de l'examen auquel Lavater s'était livré.

Or, sa femme volait au jeu ; elle avait des amants qu'elle trompait, avait une désinvolture aussi charmante qu'elle-même ; et, pendant la Révolution, quand elle et son mari durent s'expatrier, sa vie scandaleuse la fit considérer comme une prostituée du plus bas étage.

On le voit, rarement la sagacité de *Lavater* était mise en défaut, pas plus que celle de *Gall* dans un autre ordre d'expériences.

FIN.

TABLE

I

Paris. — Imp. Vᵉ P. Larousse et Cⁱᵉ, rue Montparnasse, 19.

www.ingramcontent.com/pod-product-compliance
Ingram Content Group UK Ltd.
Pitfield, Milton Keynes, MK11 3LW, UK
UKHW020125080726
13614UKWH00005B/2053